非洲猪瘟综合防控技术系列丛书

中小养猪场户
非洲猪瘟防控知识问答

中国动物疫病预防控制中心 编

中国农业出版社
北 京

丛书编委会

主 任 委 员　陈伟生

副主任委员　沙玉圣　辛盛鹏

委　　　员　翟新验　张　杰　李文京　王传彬

　　　　　　张淼洁　吴佳俊　张宁宁

本书编委会

主　　编　翟新验　张淼洁

副 主 编　（以姓氏笔画为序）

　　　　　王志刚　付　雯　刘林青　杜　建

　　　　　李文京　张　倩

编　　者　（以姓氏笔画为序）

　　　　　王羽新　付　雯　刘林青　刘俞君

　　　　　齐　鲁　杜　建　李文京　杨卫铮

　　　　　张　倩　张淼洁　邵启文　赵雨晨

　　　　　翟新验

总　序

　　2018年8月，辽宁省报告我国首例非洲猪瘟疫情，随后各地相继发生，对我国养猪业构成了严重威胁。调查显示，餐厨剩余物（泔水）喂猪、人员和车辆等机械带毒、生猪及其产品跨区域调运是造成我国非洲猪瘟传播的主要方式。从其根本性原因上看，在于从生猪养殖到屠宰全链条的生物安全防护意识淡薄、水平不高、措施欠缺。为此，中国动物疫病预防控制中心在实施"非洲猪瘟综合防控技术集成与示范"项目时，积极探索、深入研究、科学分析各个关键风险点，从规范生猪养殖场生物安全体系建设、屠宰厂（场）生产活动、运输车辆清洗消毒，以及疫情处置等多个方面入手，组织相关专家编写了"非洲猪瘟综合防控技术系列丛书"，并配有大量插图，旨在为广大基层动物防疫工作者和生猪生产、屠宰等从业人员提供参考和指导。由于编者水平有限，加之时间仓促，书中难免有不足和疏漏之处，恳请读者批评指正。

编委会

2019年9月于北京

前 言

  非洲猪瘟是严重危害生猪养殖业的疫病之一。目前，既没有安全有效的疫苗，也无有效的治疗药物。疫情发生后只能采取扑杀发病和感染猪的措施，以消灭传染源。养猪场户可以通过实施严格的生物安全措施来切断病毒传播途径，阻止疫情发生。为提高中小养猪场户对非洲猪瘟的认识，指导其做好防控工作，我们组织编写了《中小养猪场户非洲猪瘟防控知识问答》一书，采用简单问答的形式，对非洲猪瘟相关的基本知识、猪场生物安全以及疫情处置进行了阐述，供广大中小养猪场户参考。

目　　录

第三部分
03

疫情处置／30

第一部分　基本知识

1. 非洲猪瘟是什么样的疫病?

非洲猪瘟是由非洲猪瘟病毒引起的一种急性、热性、高度接触性动物传染病，发病率和病死率可高达100%。猪（包括家猪和野猪）是非洲猪瘟病毒唯一的易感宿主，且无明显品种、日龄和性别差异，没有证据显示其他哺乳动物能感染该病。

2. 非洲猪瘟的危害怎样?

非洲猪瘟是严重危害生猪养殖业的疫病之一，该病一旦暴发，将对该国家或地区的养猪业造成巨大的打击，对相关产业的生产、贸易，以及社会就业、人民收入、肉食品供应和食品安全等诸多方面产生重要影响。

3. 非洲猪瘟的流行历史?

非洲猪瘟原发于非洲，1921年首次报道在肯尼亚发生，病死率高达100%。1957年首次从非洲传入葡萄牙，在西欧广泛传播。1971年进一步向西半球传播，在加勒比海地区的国家中暴发流行。进入21世纪前后，该病传播的范围再次扩大，在西非和东非的国家中不断暴发流行。2007年，非洲猪瘟蔓延至高加索地区的格鲁吉亚并在周边国家迅速扩散。2012年传入乌克兰。2013年传入白俄罗斯。2017年向东长距离跨越式传播至俄罗斯远东地区伊尔库茨克。

4. 非洲猪瘟是怎么跨越大洲，到达非洲以外的地方？

1957年，非洲猪瘟首次在非洲大陆之外的葡萄牙暴发，就是因为葡萄牙里斯本机场附近猪只食入了国际航班留下的餐厨剩余物引起的。1971年，非洲猪瘟第一次出现在西半球，初步推测是来自西班牙的运输物品传入。1978年，巴西报道了非洲猪瘟病例，可能是由西班牙或葡萄牙通过航空食品垃圾或（和）旅客携带的动物食品传入。2007年，非洲猪瘟再次通过来源于东非的违法产品经由格鲁吉亚波季港传入高加索地区。

5. 非洲猪瘟病毒对温度敏感吗？

非洲猪瘟病毒在低温条件下保持稳定，但对高温抵抗力不强。也就是说，非洲猪瘟病毒怕热不怕冷，56℃经70分钟、60℃经20分钟可被灭活，100℃可被直接杀灭；4℃可存活150天以上，25～37℃可存活数周，−20℃以下可存活数年。

6.非洲猪瘟病毒在各种介质中能存活多长时间?

非洲猪瘟病毒在自然条件下可以长时间保持感染性:在病猪粪便中可存活数周;在未经熟制的带骨肉、香肠、烟熏肉制品等中可存活3～6个月甚至更长时间;在冷冻肉中可存活数年;在餐厨剩余物(泔水)中可长时间存活。

7.非洲猪瘟病毒对酸碱的抵抗力强吗?

非洲猪瘟病毒耐酸碱,并且能够在很广的范围内存活。pH为1.9～13.4时其能存活2小时以上,在pH＜3.9或pH＞11.5的无血清介质中能被灭活。但在有血清存在时,其抵抗力显著提高,如在pH为13.4无血清情况下只能存活21小时,而有血清存在时可存活7天。

8.非洲猪瘟病毒对其他化学试剂的抵抗力 怎么样?

非洲猪瘟病毒粒子表面有囊膜,对乙醚、氯仿等有机溶剂敏感,常规消毒剂氢氧化钠、次氯酸盐、甲醛等均可使病毒灭活。

9.非洲猪瘟是否会传染给人?

非洲猪瘟不是人畜共患病,不会感染人,同时也不会感染除猪之外的其他动物，不影响食品安全。世界卫生组织（WHO）、联合国粮食及农业组织（FAO）、世界动物卫生组织（OIE）等国际组织既没有将非洲猪瘟列入人畜共患病，也没有将非洲猪瘟列入多种动物共患病。有关国家科研人员曾经用非洲猪瘟病毒接种犬、鼠、兔等10余种动物，接种动物均未发生感染。自发现非洲猪瘟以来的近百年历史中，全球范围内没有出现人感染非洲猪瘟的情况。

10. 可以放心吃猪肉吗？

生猪在屠宰前须经过官方兽医检疫，只有达到出栏日龄的健康生猪才可以到定点屠宰厂（场）屠宰，并且经肉品品质检验合格的猪肉才能上市销售。经定点屠宰和检疫检验合格的猪肉是安全的，可以放心食用。

11. 防控非洲猪瘟可进行疫苗免疫和药物治疗吗？

目前国内外均没有安全、有效的非洲猪瘟疫苗，也无特效的治疗药物。防控非洲猪瘟通常采取扑杀、净化措施。

12. 研制出控制非洲猪瘟的疫苗很难吗？

非洲猪瘟暴发至今已经近百年，目前为止没有商品化疫苗，主要是由其病原生物学特性决定的。非洲猪瘟病毒基因组长度多样、基因型较多，编码的蛋白质复杂，免疫逃逸机制复杂多样，可逃避宿主免疫细胞的清除。现阶段已研制的一些非洲猪瘟疫苗虽然能诱导机体产生一定水平的抗体，但并不具备中和非洲猪瘟病毒的能力，无法达到有效防控非洲猪瘟的目的。

13. 传染源有哪些？

发病猪和带毒猪是非洲猪瘟的主要传染源。发病猪的组织和体液中含有高滴度的病毒，通过唾液、泪液、鼻腔分泌物、尿液、粪便和生殖道分泌物将病毒排出体外。感染猪的猪肉产品，被病毒污染的饲料、饮水、泔水、栏舍、车辆、器具、衣物等也能够携带病毒，间接感染健康猪。

14. 非洲猪瘟传播途径有哪些？

非洲猪瘟是高度接触性传染病，主要通过猪只之间的直接接触、间接接触，饲喂被污染的食物和吸血昆虫传播。

15. 怎么通过接触传播非洲猪瘟？

急性发病猪的分泌物和排泄物中含有大量的非洲猪瘟病毒，易感猪与发病猪经鼻、口直接接触后极易发生感染。另外，急性发病猪的各种组织脏器中也含有大量的非洲猪瘟病毒，病毒可随分泌物和排泄物污染圈舍、工具、车辆和环境，进而间接传播给易感猪。

16．经食物可传播非洲猪瘟吗？

健康猪食入污染了非洲猪瘟病毒的饲料、泔水以及未经处理的感染猪肉制品或是残羹，很容易感染。散养猪食入病死猪的内脏组织是非洲猪瘟病毒在家猪和野猪之间传播的重要途径。另外，家猪在食入感染非洲猪瘟病毒的蜱或含有感染蜱的动物内脏后也可以感染。

17．非洲猪瘟病毒的传播方式主要有哪些？

非洲猪瘟病毒主要有4种传播方式，即丛林循环传播、蜱－猪循环传播、家猪循环传播及家猪－野猪循环传播。

丛林循环传播：主要存在于撒哈拉以南的非洲地区，以疣猪等为介质，通过蜱虫叮咬而感染或传染非洲猪瘟。

蜱－猪循环传播：软蜱是非洲猪瘟病毒的宿主和载体，可通过叮咬家猪将非洲猪瘟病毒传染至家猪。

家猪循环传播：非洲猪瘟病毒在家猪群体中经口－鼻途径，通过接触感染动物的排泄分泌物或接触受污染的产品进行传播。

家猪－野猪循环传播：野猪通过食用抛弃于野外的病猪而感染非洲猪瘟，野猪的流动性又加速了非洲猪瘟的传播。

18．非洲猪瘟病毒的致病机理是什么？

非洲猪瘟病毒侵入猪体后会在鼻咽部或是扁桃体中进行增

殖，通过淋巴和血液循环进入猪体的循环系统，从而遍布全身，并会在血管内皮细胞或者巨噬细胞系统中进行复制，由于毛细血管、静脉、动脉和淋巴结及网状内皮细胞遭受病毒侵袭，组织、器官出现出血和浆液性渗出等病理变化。

19. 猪只感染非洲猪瘟病毒后，潜伏期有多长？

猪只感染非洲猪瘟病毒后，潜伏期通常为5～19天，最长可达28天。OIE《陆生动物卫生法典》将潜伏期定为15天。

20. 感染非洲猪瘟病毒的猪只，一般会有哪些临床表现？

一般情况下，猪只感染非洲猪瘟病毒后会呈现出不同类型的临床表现，包括最急性型、急性型、亚急性型、慢性型和亚临床型。

21. 各种类型的临床表现是什么样的？

最急性型：感染猪在没有任何临床症状的时候突然死亡，发病率和病死率达100%。

急性型：感染猪表现为发热（40.5～42℃）、厌食、精神委顿，耳、四肢和腹部皮肤发红至发绀，病死率达100%。

亚急性型：感染猪表现为轻微发热、食欲减退和精神委顿，鼻、耳、腹部皮肤发绀，有出血斑，病死率通常为60%～90%。

慢性型：急性或是亚急性感染猪耐过后转为慢性型，感染猪表现为短暂性低热、皮肤溃疡、关节肿胀、发育迟缓或是瘦弱。

亚临床型：感染猪无明显症状，但因体内携带病毒而成为潜在传染源。

22. 非洲猪瘟大体剖检变化如何？

最明显的剖检病变就是脾脏显著肿大，一般情况下是正常脾的 3 ~ 6 倍，颜色变暗，质地变脆；淋巴结（特别是胃肠和肾）增大、水肿以及整个淋巴结出血，形态类似于血块；肾脏表面淤血点（斑点状出血）。另外，其他脏器组织也会有淤血、出血变化。

23. 我国非洲猪瘟是什么时候发生的？

2018年8月3日，农业农村部通报了我国首例发生在辽宁省沈阳市沈北新区的非洲猪瘟疫情。

24. 我国非洲猪瘟是从哪里传入的？

2018年之前，我国一直没有非洲猪瘟，该病为国外传入。分子流行病学研究表明：传入我国的非洲猪瘟病毒属基因Ⅱ型，与格鲁吉亚、俄罗斯、波兰公布的毒株全基因组序列同源性为99.95%左右。

25. 我国非洲猪瘟传播的主要途径是什么？

流行病学调查表明，我国非洲猪瘟的主要传播途径是污染的车辆与人员机械性带毒进入养猪场户、使用餐厨剩余物喂猪、感染的生猪及其产品调运。

26. 污染的车辆与人员是怎么将非洲猪瘟病毒带入养猪场户的？

运送生猪、饲料、兽药、生活物资等的外来车辆，或去往生猪集散地/交易市场、屠宰厂（场）、农贸市场、饲料/兽药店、其他养猪场等高风险场所的本场车辆（生产、生活和办公），未经彻底清洗消毒进入本场，或是外来人员（生猪贩运/承运人员、保险理赔人员、兽医、技术顾问、兽药/饲料销售人员等）进入本场，本场人员到兽药/饲料店、其他养猪场、屠宰厂（场）、农贸市场返回后未更换衣服/鞋，也没有严格消毒，就可能通过机械携带的方式将非洲猪瘟病毒传入。

27. 已暴发的非洲猪瘟疫情中，引发中小养猪场户发生非洲猪瘟的主要原因是什么？

主要原因就是使用餐厨剩余物（泔水）喂猪，或养猪人员接触外部被病毒污染的生肉后未经消毒接触生猪。所以国务院办公厅的通知以及农业农村部制定的管理措施中都明确规定禁止使用餐厨剩余物饲喂生猪。这么做的目的就是避免由于饲喂餐厨剩余物引发疫情，降低疫病发生风险。

28. 国内野猪对此病有一定的抵抗力吗？我国地方猪种的抵抗力如何？

在已经报告的非洲猪瘟疫情中，既有野猪也有地方猪种。国内的野猪不同于非洲的疣猪、丛林猪，属于欧亚野猪，对非洲猪瘟病毒比较敏感，感染后几乎100%死亡。藏猪是世界上少有的高原型猪种，也是我国宝贵的地方品种资源，此次也感染发生了非洲猪瘟疫情。

29. 目前国内流行的非洲猪瘟病毒是不是同一类毒株？毒力如何？

目前从不同地方发生非洲猪瘟疫情的猪体中，分离到的非洲猪瘟病毒基本是基因Ⅱ型、血清8群，基因序列高度相似，可以认为是一类毒株。从临床感染至发病、死亡的病例以及感染动物实验可以看出，它们还属于高致病性毒株。

30. 通过何种方式可以了解非洲猪瘟疫情、防控政策等信息？

登录中华人民共和国农业农村部网站（http://www.moa.gov.cn），在网站首页"专题"栏目下的"专项工作"中点击"非洲猪瘟防控"，可以查询到疫情信息、防控政策等相关信息。

第二部分　猪场生物安全

31. 猪场生物安全是指什么?

猪场生物安全是指生猪养殖过程中，为了防止或是阻断病原体侵入、侵袭猪群，保证猪群健康与安全而采取的一系列预防和控制疫病的综合性技术和管理措施。

32. 猪场生物安全在非洲猪瘟防控中为什么重要?

对于口蹄疫等重大动物疫病，通常采取免疫为主的防控策略，但非洲猪瘟没有疫苗，要依靠猪场环境控制、猪群健康管理、饲料营养、饲养管理、卫生防疫、消毒管理、药物保健、无害化处理、免疫监测等诸多方面的生物安全控制措施，清除猪场内对猪群致病的病原，减少或是杜绝动物群体的外源性感染机会，极大地降低猪只的发病、死亡和淘汰率，提高猪群的免疫力和抵抗力，从根本上逐渐降低猪群对疫苗和药物的依赖性，提升生产性能和品质，达到经济、高效地预防和控制疫病的目的，从而产生出最大的经济、社会和生态效益。

33. 在非洲猪瘟防控中要做到的"五要四不要"是什么？

"五要"：一要减少场外人员和车辆进入猪场；二要在人员和车辆入场前彻底消毒；三要对猪群实施"全进全出"饲养管理；四要对新引进生猪实施隔离；五要按规定申报检疫。

"四不要"：一不要使用餐馆、食堂的餐厨剩余物（泔水）喂猪；二不要散养、放养生猪；三不要从疫区引进生猪；四不要瞒报、迟报可疑疫情。

34. 猪场周边哪些场所是高风险场所？

屠宰厂（场）、病死动物无害化处理场、粪污消纳点、农贸交易市场、其他动物养殖场/户、垃圾处理场、车辆清洗消毒场所及动物诊疗场所等均为生物安全高风险场所。猪场选址时应与上述场所保持一定的生物安全距离。

35. 猪场是否要考虑分区或分舍？

有条件的猪场应适当划分办公区/生活区、生产区/隔离区，即人员办公生活场所与猪群饲养隔离场所分开。无条件的猪场也应该根据猪群生长阶段，将猪分群饲养在不同的猪舍。

36. 什么是洁净区与污染区?

洁净区与污染区是相对的概念,生物安全级别高的区域为相对的洁净区,生物安全级别低的区域为相对的污染区。在猪场的生物安全金字塔中,公猪舍、分娩舍、配怀舍、保育舍、育肥舍和出猪台的生物安全等级依次降低。猪只和人员须从生物安全级别高的地方到生物安全级别低的地方单向流动,严禁逆向流动。尽管各个猪场实际情况不同,但遵循的原则是一样的,生产区人员流向要做到先健康猪群后发病猪群、先小日龄猪群后大日龄猪群、先洁净区后污染区。

37. 猪场围墙及门岗设置要求是什么?

建设环绕猪场的实体围墙或隔离设施(如铁丝网、围栏),与周围环境有效隔离,围墙不能有缺口,有条件的可在围墙或隔离设施外深挖防疫沟。

猪场采用密闭式大门,设置"限制进入"等明显标志。有条件的猪场,门岗设置入场洗澡间,洗澡间布局须洁净区、污染区分开,从外向内单向流动,洗澡间须有存储人员场外衣物的柜子;门岗设置物资消毒间,消毒间设置净区、污区,可采用多层镂空架子隔开,物资由场外进入消毒间,消毒后转移至场内;门岗设置全车清洗消毒的设施设备,包括消毒池、消毒机、清洗设备及喷淋装置等。无条件猪场,也要考虑车辆消毒、人员更衣换鞋、物资去外包装消毒等所用设施设备。

38.人员入场前应注意什么?

人员在进场前3天不得去其他猪场、屠宰厂（场）、无害化处理场及动物产品交易场所等生物安全高风险场所。

39.人员进入猪场的流程是什么?

根据养猪场不同区域生物安全等级进行人员管理,人员遵循单向流动原则,禁止逆向进入生物安全更高级别区域。

进入办公/生活区域人员更换干净衣服及鞋靴入场（有条件洗澡,注意头发及指甲的清洗）；携带物品经消毒后入场,严禁携带偶蹄动物肉制品入场；未经允许,禁止进入生产区。进入生产区,人员在生产区洗澡间洗澡的同时,携带物品须经生产区物资消毒间消毒后进入。

40.人员进出猪舍的流程是什么?

人员按照规定路线进入各自工作区域,禁止进入未被授权的工作区域。每栋猪舍入口处都应该安放消毒池（桶）、洗手消毒盆。进出猪舍均需要清洗、消毒工作靴,注意洗手。先刷洗鞋底鞋面污物,再在脚踏消毒池（桶）浸泡消毒。人员离开生产区,将工作服放置含有消毒剂桶中浸泡消毒。严禁饲养人员串猪舍。如确需进入,更换工作服和工作靴。

41. 猪场需要关注并重点管理的车辆有哪些？

主要包括外部运猪车、内部运猪车、散装料车、袋装料车、死猪/猪粪运输车以及私人车辆等。

42. 猪场车辆管理的基本原则是什么？

外部运猪车尽量自有、专场专用，如使用非自有车辆，则严禁外部运猪车直接接触猪场出猪台，猪只经中转站或是移动中转台等由内部运猪车转运至外部运猪车内。猪场内部运猪车应专场专用。猪场散装料车、袋装料车尽量做到专场专用。

43. 外部运猪车如何管理？

如果猪场配备有外部运猪车，清洗、消毒及干燥后方可接触猪场出猪台或中转站/台。外部运猪车使用后及时清洗、消毒及干燥。

司乘人员48～72小时未接触本场以外的猪只，接触运猪车前，穿着干净且消毒的工作服。如参与猪只装载时，则应穿着一次性隔离服和干净的工作靴，禁止进入中转站/台或出猪台的净区一侧。外部运猪车严禁由除本车司机以外的人员驾驶。

44. 内部运猪车如何管理？

选择场内空间相对独立的地点进行车辆清洗消毒和停放。清洗消毒后，在固定的地点停放。清洗消毒地点应配置高压冲洗机、消毒剂、清洁剂及热风机等。

内部运猪车使用后立即到指定地点清洗、消毒及干燥。流程包括：高压冲洗，确保无表面污物；清洁剂处理有机物；消毒剂喷洒消毒；充分干燥。

司乘人员由猪场统一管理。接触运猪车前，穿着一次性隔离服和干净的工作靴。内部运猪车上应配一名装卸员，负责开关笼门、卸载猪只等工作，装卸员穿着专用工作服和工作靴，严禁接触出猪台和中转站/台。

按照规定路线行驶，严禁开至场区外。

45. 散装料车如何管理？

散装料车清洗、消毒及干燥后，方可进入或靠近饲料厂和猪场。严禁由司机以外的人驾驶或乘坐。如需进入生产区，司机严禁下车。

散装料车在猪场和饲料厂之间按规定路线行驶。避免经过猪场、其他动物饲养场及屠宰场等高风险场所。散装料车每次送料尽可能满载，减少运输频率。如需进场，须经严格清洗、消毒及干燥，打料结束后立即出场。

如散装料车进入生产区内，打料工作由生产区人员操作，司机严禁下车。如无需进入生产区内，打料工作可由司机完成。

46. 袋装料车如何管理？

袋装料车经清洗、消毒及干燥后方可使用。如跨场使用，车辆清洗、消毒及干燥后，在指定地点隔离24～48小时后方可使用。

47. 死猪/猪粪运输车如何管理？

死猪/猪粪运输车专场专用。交接死猪/猪粪时，避免与外部车辆接触，交接地点距离场区大于100米。使用后，车辆及时清洗、消毒及干燥，并消毒车辆所经道路。

48. 猪场需要重点管理的物资有哪些？

猪场重点管理物资包括食材、兽药疫苗、饲料、生活物资、设备以及其他物资等。

49. 入场食材如何管理？

在入场食材的选取上，要求食材生产、流通背景清晰、可控，无病原污染；偶蹄类动物生鲜及制品禁止入场；蔬菜和瓜果类食材无泥土、无烂叶；禽类和鱼类食材无血水；食用食品消毒剂清洗后入场。

在进入生产区的饭菜方面，要求由猪场厨房提供熟食，生鲜食材禁止进入；饭菜容器经消毒后进入。

50. 入场兽药疫苗如何管理？

严格执行进场消毒，疫苗及有温度要求的药品，拆掉外层纸质包装，使用消毒剂擦拭泡沫保温箱后，转入生产区药房储存。其他常规药品，拆掉外层包装，经臭氧或熏蒸消毒，转入生产区药房储存。

严格按照说明书或规程使用疫苗及药品，做到一猪一针头，疫苗瓶等医疗废弃物及时无害化处理。

51. 饲料如何管理?

禁止从疫区购买玉米等饲料原料；避免饲料中添加猪源性饲料添加剂，特别是乳猪料，并掌握购进的饲料是否含有猪源性饲料添加剂。禁止饲喂餐厨剩余物。确保饲料无病原污染。

袋装饲料中转至场内运输车辆，再运送至饲料仓库，经臭氧或熏蒸消毒后使用。所有饲料包装袋均与消毒剂充分接触。散装料车在场区外围打料以降低疫病传入风险。

52. 如何选择消毒剂?

应选择能够快速发挥作用，且无毒、不受环境因素影响的消毒剂，并且应杀灭各种微生物，包括细菌、病毒和真菌等。有囊膜病毒在宿主体外不太稳定，非洲猪瘟病毒属于有囊膜的病毒，很多消毒剂均可将其杀灭。常用的消毒剂有碱类、醛类、氧化物类、卤素类、酚类、季铵盐类等。

53. 如何确定消毒对象?

动物、器具、物品或是环境等不同的消毒对象应选取不同的消毒剂，例如氢氧化钠等消毒剂虽然有很强的杀灭病原微生物的能力，但其腐蚀性极强，不能用于带猪消毒。

54. 如何选取消毒方式？

常见消毒方式有喷洒、浸泡、喷雾、冲洗、熏蒸等。针对动物、器具、物品或是环境等不同消毒对象要选择不同消毒方式和消毒剂，例如喷洒、喷雾多用于圈舍、场地、墙面的消毒；浸泡多用于器具、衣物等物品的消毒；熏蒸多用于密闭环境的消毒等。

55. 如何确保消毒剂使用的有效性？

选择正规合格的消毒剂，一是减少影响因素，用清洁剂进行机械清洁，确保去除蛋白质，同时保持消毒对象比较干燥；二是合理配置浓度，化学消毒剂浓度太低不能杀灭病原微生物，反之则可能对消毒对象产生明显的破坏作用，只有达到一定浓度才有消毒效果；三是严格作用时间，有的消毒剂杀灭作用快速，有的则较慢，不同的消毒剂和消毒对象需要不同的作用时间，要保证消毒有效必须让消毒剂与消毒对象有充分的接触时间；四是坚持现配现用，多数化学消毒剂不稳定，特别是遇水稀释后更易分解，必须现配现用，不可重复使用。

56. 消毒时应注意哪些方面？

一是消毒时注意使用两种以上消毒剂，但应避免酸性和碱性消毒剂同时使用，若先用酸性消毒剂，应待酸性消毒剂挥发或冲洗后再用碱性消毒剂，反之亦然；二是坚持定期消毒，一般的预防消毒每周需进行2～3次；三是进行全场消毒，场内使用的器械、工具、车辆、饲料加工区、粪污处理场所等均在消毒范围之内；四是应按照从里到外，即由猪舍内到猪舍外、生活区再到场区外的顺序渐次消毒，防止交叉污染。在低温环境条件下，可以适当加入氯化钠、甘油或其他防冻剂以防止消毒剂结冰。

57. 如何进行猪场日常消毒？

选择有效的消毒剂和消毒方式，定期开展消毒灭源。猪群饮用水消毒可以使用2%～3%的次氯酸钠；空栏和车辆消毒可以使用1∶（200～300）的戊二醛或者1∶（100～300）的复合酚；猪场环境可以使用0.5%过氧乙酸溶液进行猪舍内外环境的喷雾消毒；带猪消毒使用2%～5%碘制剂、1∶（100～300）的复合酚；猪场大门处消毒池可以配置1%～5%氢氧化钠溶液进行消毒；人员进出消毒通道可以使用超声波雾化消毒机雾化1∶300的百毒杀进行消毒；粪便等污染物做化学处理后采用堆积发酵或焚烧的方式进行消毒。

58. 如何对栏舍进行消毒？

第一，消毒。应按照从上到下、从里到外的原则，即先屋顶、屋梁钢架，再墙壁，最后地面，用高压冲洗机将1%～2%

氢氧化钠溶液或其他消毒液喷洒至猪舍内外环境中。若墙面、棚顶等凹凸不平，可选用泡沫消毒剂。消毒力求仔细、干净、不留死角。

第二，清理。应使用扫帚、叉子、铲子、铁锹等工具对猪舍内污物、粪便、饲料、垫料、垃圾等进行清扫整理，集中收集。

第三，再消毒。操作同第一步消毒。

第四，彻底清洗。喷洒消毒液至少1小时后，使用高压冲洗机对猪舍屋顶、风机、水线、料线、地面、墙壁等进行冲洗。拐角、缝隙等边角部分可用刷子刷洗。

第五，终末消毒。对墙面、顶棚和地面喷洒消毒液，以表面全部浸湿为标准。最后一次消毒后应彻底干燥。

59. 养猪场户用火焰消毒时应注意什么？

有条件的，可在彻底干燥后对地面、墙面、金属栏杆等耐高温场所进行火焰消毒。出猪台、赶猪道病毒传入高风险区域，产床、棚顶、栋舍设施接口和缝隙，漏粪地板的反面及粪污地沟、粪尿池，水帘水槽以及循环系统为消毒死角，应重点加强消毒。火焰消毒应缓慢进行，光滑物体表面以3～5秒为宜，粗糙物体表面适当延长火焰消毒时间。

60. 如何做好日常清洁？

栏舍内粪便和垃圾每日清理，禁止长期堆积；发现蜘蛛网随时清理；病死猪及时移出，放置和转运过程保持尸体完整，禁止剖检，及时清洁、消毒病死猪所经道路及存放处。

61. 如何进行猪场内环境消毒？

定期进行全场环境消毒，必要时提高消毒频率。

一是对办公/生活区的屋顶、墙面、地面用1%戊二醛或氯制剂喷洒消毒。二是场区或院落地面喷洒戊二醛、氢氧化钠溶液消毒或是石灰浆白化。三是猪只或拉猪车经过的道路须立即清洗、消毒；与此同时，发现垃圾即刻清理，必要时进行清洗、消毒。

62. 如何进行猪场外部消毒？

在严格做好本场生物安全措施的基础上，本场外周围1千米外的道路要白化，每天消毒，关注周围3千米范围内猪场的动态。另外，外部车辆离开后，及时清洁、消毒猪场周围所经道路。氢氧化钠溶液、戊二醛等按说明使用。

63. 喷洒消毒剂时应注意哪些事项？

选用2%氢氧化钠溶液充分喷洒生猪饲养栋舍、死猪暂存间、饲料存放间、出猪间/台、场区道路等，保持充分湿润6～12小时后，用清水高压冲洗至表面干净，彻底干燥。必要时，可冲洗干净后晾至表面无明显水滴，再喷洒戊二醛等消毒剂，保持充分湿润30分钟，冲洗并彻底干燥。

64. 如何使用石灰乳涂刷消毒?

20%石灰乳与2%氢氧化钠溶液制成碱石灰混悬液,对生猪饲养栋舍、死猪暂存间、饲料存放间、出猪间/台、场区道路、栏杆、墙面以及养殖场外100～500米的道路、粪尿沟和粪尿池进行粉刷。粉刷应做到墙角、缝隙不留死角。每间隔2天进行1次粉刷,至少粉刷3次。石灰乳必须现配现用,过久放置会变质失去杀菌消毒作用。

65. 熏蒸消毒应注意哪些事项?

对于相对密闭栋舍,可使用消毒剂密闭熏蒸,熏蒸后通风,熏蒸时注意做好人员防护。例如空间较小时,可使用高锰酸钾与甲醛混合,或使用其他烟熏消毒剂熏蒸栋舍,密闭24～48小时;空间较大时,可使用臭氧等熏蒸栋舍,密闭12小时。

66. 如何进行设备和工具消毒?

栏舍内非一次性设备和工具经消毒后使用。根据物品材质选择高压蒸汽、煮沸、消毒剂浸润、臭氧或熏蒸等方式消毒。

67. 如何对饮水设备进行消毒?

卸下所有饮水嘴、饮水器、接头等,洗刷干净后煮沸15分钟，之后放入含氯类消毒剂中浸泡；水线管内部用洗洁精浸泡清洗，水池、水箱中添加含氯类消毒剂浸泡2小时；重新装好饮水嘴，用含氯类消毒剂浸泡管道2小时后，每个水嘴按压放干全部消毒水，再注入清水冲洗。

68. 对引进猪只如何管理？

严格执行引种检测、隔离，坚持自繁自养。引种前需经过非洲猪瘟等重大动物疫病检测，确认阴性后再进行场外隔离监视，确认安全方可引种。对于只养育肥猪的猪场，全部空栏后再购入仔猪，并应到非疫区，有良好声誉和信用的正规养猪场，经官方兽医检疫合格后方可购进，并注意观察引进猪入场后健康情况。

69. 为什么要实施"全进全出"管理制度？

"全进全出"模式是指整个猪舍同时进猪、同时出栏的养殖方式，是猪场饲养管理、减少疫病循环传播的核心。猪场根据饲养单元大小，确定饲养量，实行同一批次猪同时进、出同一猪舍单元的饲养管理制度。

70. 为什么要禁止散养、放养？

严禁传统的散养和放养模式，可避免家猪在外随意采食垃圾食物，并且防止家猪与野猪接触。被居民随意丢弃的垃圾食品等很容易携带大量致病微生物，放养猪会四处搜寻可食用的剩饭剩菜等，容易导致疫病发生。

71. 每日临床巡视排查很重要吗？

做好非洲猪瘟的日常巡视排查，便于早发现、早检测、早扑杀。养猪场户要加强学习和掌握最基本的非洲猪瘟知识，注意猪群健康状况，每天进行健康检查，一旦发现生猪出现精神委顿、体温升高、厌食、皮肤发红等临床症状，甚至发病、死亡猪只增多等情况，要及时向当地兽医部门报告，也可采集口腔、粪便拭子等样品送检以便及早采取有效的控制措施。

72. 如何做好重大动物疫病免疫？

养猪场户应当按照《中华人民共和国动物防疫法》要求，主动履行强制免疫责任。要在当地动物疫病预防控制机构的指导下，按照科学的免疫程序，做好生猪口蹄疫、猪瘟等重大疫病的免疫，尤其是春季、秋季集中免疫工作，同时注意补栏补针，并配合做好免疫抗体监测，预防重大动物疫病的发生。

73. 如何进行猪只转运管理？

猪只转运一般包括断奶猪转运、淘汰猪转运、肥猪转运以及后备猪转运。根据运输车辆是否自有可控分为两类：自有可控车辆可在猪场出猪间/台进行猪只转运；非自有车辆不可接近猪场出猪间/台，由自有车辆将猪只转运到中转站/台交接。

74. 如何严格进行售猪管理？

禁止生猪贩运人员、承运人员等外来人员以及外来车辆进入养殖场。

售猪前及售猪后，应立即对出猪间/台、停车处、装猪通道和装猪区域进行全面清洗消毒。注意：出猪间/台及附近区域、赶猪通道应硬化，以方便冲洗、消毒，做好防鼠、防雨水倒流等工作。

避免内外人员交叉。本场赶猪人员严禁接触出猪间/台靠近场外生猪车辆的一侧，外来人员禁止接触出猪间/台靠近场内的一侧。

75. 哪些风险动物可能携带危害猪群健康的病原？

牛、羊、犬、猫、野猪、鸟、鼠、蝉及蚊蝇等动物可能携带危害猪群健康的病原，应禁止上述动物在猪场内和周围出现。

76. 如何控制猪场外围风险动物？

了解猪场所处环境中是否有野猪等野生动物，发现后及时驱赶；选用密闭式大门，日常保持关闭状态，只留大门口、出猪台、粪尿池等与外界连通；建设环绕场区的围墙，防止缺口，有条件的可在围墙外深挖防疫沟；禁止种植攀墙植物；定期巡视，发现漏洞及时修补；场内禁止饲养宠物，发现野生动物及时驱赶和捕捉。

77.如何防鼠、防鸟？

鼠和鸟通过机械携带传播非洲猪瘟病毒的可能性较大，可在鼠出没处每隔6～8米设立投饵站，投放慢性杀鼠药；或在猪舍外3～5米处铺设尖锐的碎石子（2～3厘米宽）隔离带，防止鼠等接近；或在实体围墙底部安装1米高光滑铁皮用作挡鼠板，挡鼠板与围墙压紧无缝隙。在通风口、排污口安装高密度铁丝网，侧窗安装纱网，防止鸟类进入。

78.如何控制猪舍内节肢动物？

防止节肢动物通过机械带毒传播非洲猪瘟病毒。猪舍内悬挂捕蝇灯和粘蝇贴，定期喷洒杀虫剂；猪舍内缝隙、孔洞是蜱虫的藏匿地，发现后向内喷洒杀蜱药物（如菊酯类、脒基类），并用水泥填充抹平。

79.如何降低水的传播风险？

非洲猪瘟病毒存在通过水传播的风险，特别是有乱扔死猪现象存在时，水体被污染的可能性很大。猪场尽量不用地表水，使用风险稍低的深层水，或者采取水的消毒过滤措施。

80. 如何做好环境卫生？

及时清扫猪舍散落的饲料，做好厨房清洁，及时处理餐厨垃圾，避免给其他动物提供食物来源；做好猪舍卫生管理，杜绝卫生死角。

81. 猪场污物包括哪些？

猪场污物主要包括病死猪、粪便、污水、医疗废弃物、餐厨垃圾以及其他生活垃圾等。

82. 病死猪如何处理？

猪场死猪、死胎及胎衣严禁出售和随意丢弃，及时清理并放于指定位置。没有条件场内处理的需由地方政府统一收集进行无害化处理。如无法当日处理，需低温暂存。

83. 粪便污水如何处理？

使用干清粪工艺的猪场，及时将粪清出，运至粪场，不可与尿液、污水混合排出，清粪工具、推车等用后清洗、消毒；使用水泡粪工艺的猪场，及时清扫猪粪至粪池。猪场设置储粪场所，储粪场所位于下风向或侧风向，有防雨、防渗、防溢流措施，避免污染地下水。粪便收集、运输过程中应采取防遗洒、防渗漏等措施。

应尽量做到雨水、污水的分流排放，污水应采用暗沟或地下管道排入粪污处理区。

84. 餐厨垃圾如何处理？

餐厨垃圾每日清理，严禁饲喂猪只。

85. 医疗废弃物如何处理？

猪场医疗废弃物包括用过的针管、针头、药瓶等，须放入由固定材料制成的防刺破安全收集容器内，不得与生活垃圾混合，严禁重复使用。可按照国家法律法规及技术规范进行焚烧、消毒后集中填埋或由专业机构统一收集处理。

86. 生活垃圾如何处理？

对生活垃圾源头减量，严格限制不可回收或对环境高风险的生活物品的进入；场内设置垃圾固定收集点，明确标识，分类放置；垃圾收集、储存、运输及处置等过程须防扬散、流失及渗漏。生活垃圾按照国家法律法规及技术规范进行焚烧、深埋或由地方政府统一收集处理。

第三部分 疫情处置

87. 怀疑感染非洲猪瘟时怎么办？

养殖户发现有疑似非洲猪瘟的症状时，应第一时间报告当地畜牧兽医部门、动物疫病预防控制机构、动物卫生监督机构，同时立即隔离病猪，开展全群和整个猪场的消毒工作。相关兽医工作人员到达现场时，配合兽医人员做好采集病料、送检工作。

88. 当确诊发生非洲猪瘟疫情后，政府将采取哪些措施？

确诊疫情后，地方政府按照"成立应急处置现场指挥机构—划定疫点、疫区和受威胁区—封锁—扑杀—转运—无害化处理—紧急流行病学调查—紧急监测—评估—解除封锁—恢复生产"的流程进行应急处置。

89. 一旦确诊发生非洲猪瘟疫情，养猪场户生猪及其产品如何处置？

一旦确诊发生非洲猪瘟疫情，地方政府会严格按照《非洲猪瘟疫情应急实施方案（2020年版）》要求划定疫点：对具备良好生物安全防护水平的规模养殖场，发病猪舍与其他猪舍有效隔离的，可以发病猪舍为疫点；发病猪舍与其他猪舍未能有效隔离的，以该猪场为疫点，或以发病猪舍及流行病学关联猪舍为疫点。对其他养殖场（户），以病猪所在的养殖场（户）为疫点；如已出现或具有交叉污染风险，以病猪所在养殖小区、自然村或病猪所在养殖场（户）及流行病学关联场（户）为疫点。

疫点内的所有生猪均应扑杀，并对所有病死猪、被扑杀猪及其产品进行无害化处理。应采取电击法或其他适当方法进行扑杀，避免血液污染环境。养猪场户应配合做好相关工作。

90. 如何进行无害化处理？

深埋法是病死动物无害化处理的主要方式之一。

对污水应用氯制剂（次氯酸钠、三氯乙腈尿酸、二氧化氯、二氯乙腈尿酸）进行消毒处理。

对动物排泄物、被污染饲料、垫料可采用堆积发酵、焚烧或运送至无害化处理场进行掩埋处理。堆积发酵可采用将动物排泄物、被污染饲料、垫料和秸秆等混合，堆高不少于1米，覆盖塑料薄膜利用高温堆肥发酵。

91．发病猪场如何进行灭鼠、灭蜱等消毒？

非洲猪瘟病毒可以通过猪场常见的苍蝇、鼠等进行机械性传播，发病猪场在扑杀生猪过程中应同时做好灭鼠、灭蝇等工作，避免病毒在更大范围内传播。

场内外和舍内外环境、缝隙、巢窝和洞穴等，可用40%辛硫磷溶液浇泼、氰戊菊酯溶液等喷洒除蜱。

92．发病猪场消毒前应该做好哪些准备？

整理场地内的、污物、粪便、饲料、垫料、垃圾等，并集中存放；所有物品消毒前不得移出场区。

选择合适的消毒剂。碱类（氢氧化钠、氢氧化钾等）、氯化物和酚化合物适用于建筑物、木质结构、水泥表面、车辆和相关设施设备消毒，酒精和碘化物适用于人员消毒。可选用0.8%的氢氧化钠、0.3%甲醛、3%邻苯基苯酚、次氯酸盐、戊二醛、石灰等。

配备喷雾器、火焰喷射枪、消毒车辆、消毒防护用品（如口罩、手套、防护靴等）、消毒容器等。

93．如何对发病猪场内人员及物品进行消毒？

发病猪场内饲养管理人员及进出人员应先清洁、后消毒，可采取淋浴消毒。对衣、帽、鞋等可能被污染的物品，可采取消毒液浸泡、高压灭菌等方式消毒。人员出场时应将衣、帽、鞋等一次性防护物品焚烧销毁。

94. 发病猪场圈舍如何消毒？

按照初次清理—首次消毒—再次清理—二次消毒—彻底清洗—终末消毒的程序进行圈舍消毒。

初次清理应注意：扑杀生猪时，应同时对场内和猪舍内污物、粪便、饲料、垫料、垃圾等进行初步清理，集中收集于包装袋内，并随扑杀生猪一起深埋处理。

95. 发病猪场追踪调查包含哪些内容？

对疫情发生前21天内以及疫情发生后采取隔离措施前，从发病养殖场输出的易感动物、相关产品、运载工具及密切接触人员的去向进行追溯调查，对有流行病学关联的养殖、屠宰加工场所进行采样检测，分析评估疫情扩散风险。

96. 对疫区内动物和动物产品的生产经营有何规定？

禁止屠宰、经营、运输以下动物和生产、经营、加工、储藏、运输以下动物产品：封锁疫区内与所发生动物疫病有关的；疫区内易感染的；依法应当检疫而未经检疫或者检疫不合格的；染疫或者疑似染疫的；病死或者死因不明的；其他不符合国务院兽医主管部门有关动物防疫规定的。

97.疫区解除封锁应当满足哪些条件?

疫点、疫区和受威胁区应扑杀范围内的死亡猪和扑杀生猪按规定进行无害化处理21天后未出现新发疫情,对疫点和屠宰场所、市场等流行病学关联场点抽样检测阴性的,经疫情发生所在县的上一级畜牧兽医主管部门组织验收合格后,由所在地县级畜牧兽医主管部门向原发布封锁令的人民政府申请解除封锁,由该人民政府发布解除封锁令,并通报毗邻地区和有关部门。

98.疫区解除封锁的程序是什么?

疫区解除封锁应按照"满足解除封锁条件—提出申请—组织专家评审验收—发布解除封锁令"的程序进行。满足解除封锁条件后,县级以上兽医主管部门根据评估结果向发布封锁令的人民政府提出解除封锁申请;由发布封锁令的人民政府发布解除封锁令,并通报毗邻地区和有关部门。

99.非洲猪瘟疫情处置中强制扑杀猪只后怎么补助?

非洲猪瘟猪已被纳入我国强制扑杀补助范围,强制扑杀的生猪平均给予1 200元/头的补助。养殖场(户)不要有太多顾虑,应及时主动报告疫情,配合有关部门做好疫情处置工作,坚决彻底消除疫点,降低疫病传播风险。具体补助情况请联系当地畜牧兽医部门。

100. 什么情况下能够恢复生产?

解除封锁后,病猪或阳性猪所在场点需继续饲养生猪的,经过5个月空栏且环境抽样检测为阴性后,或引入哨兵猪并进行临床观察、饲养45天后(期间猪只不得调出)哨兵猪病原学检测阴性且观察期内无临床异常表现的,方可补栏。

图书在版编目（CIP）数据

中小养猪场户非洲猪瘟防控知识问答／中国动物疫病预防控制中心编．—北京：中国农业出版社，2020.6
ISBN 978-7-109-26627-8

Ⅰ.①中⋯ Ⅱ.①中⋯ Ⅲ.①非洲猪瘟病毒-防治-问题解答 Ⅳ.①S852.65-44

中国版本图书馆CIP数据核字（2020）第034195号

中国农业出版社出版

地址：北京市朝阳区麦子店街18号楼

邮编：100125

责任编辑：姚 佳 文字编辑：张庆琼

版式设计：王 晨 责任较对：吴丽婷

印刷：中农印务有限公司

版次：2020年6月第1版

印次：2020年6月北京第1次印刷

发行：新华书店北京发行所

开本：700mm×1000mm 1/16

印张：3.25

字数：37千字

定价：26.00元

版权所有·侵权必究

凡购买本社图书，如有印装质量问题，我社负责调换。

服务电话：010 - 59195115　010 - 59194918